DÉPÔT LÉGAL

8° V Pièce
14086

SUR

UNE SÉRIE SERVANT A DÉFINIR

APPROXIMATIVEMENT LE NOMBRE π

Rapport de la circonférence au diamètre

PAR

E. ESTANAVE

Docteur ès sciences

$$3 + \frac{10}{70} > \pi > 3 + \frac{10}{71}$$

ΑΡΧΙΜΗΔΗΣ

PARIS

LIBRAIRIE CROVILLE-MORANT

20, RUE DE LA SORBONNE

1901

R. F. BIBLIOTHÈQUE NATIONALE

SUR

UNE SÉRIE SERVANT A DÉFINIR

APPROXIMATIVEMENT LE NOMBRE π

Pièce
8° V
14086

SUR

UNE SÉRIE SERVANT A DÉFINIR

APPROXIMATIVEMENT LE NOMBRE π

Rapport de la circonférence au diamètre

PAR

BIBLIOTHÈQUE NATIONALE
R.F.
IMPRIMÉS

E. ESTANAVE

Docteur ès sciences

$$3 + \frac{10}{70} > \pi > 3 + \frac{10}{71}$$

ΑΡΧΙΜ'ΗΔΗΣ

PARIS

LIBRAIRIE CROVILLE-MORANT

20, RUE DE LA SORBONNE

1901

INTRODUCTION

En présentant cette étude sur le nombre π, rapport de la circonférence à son diamètre, nous n'avons nullement en vue le calcul numérique de ce nombre. La valeur approchée qu'on en connaît est plus que suffisante. Les 707 décimales données par W. Shanks éveillent plutôt un sentiment de curiosité et d'admiration pour cette longue patience de calculateur que l'idée d'une utilité pratique.

L'approximation à laquelle on se borne généralement dans les applications est soit 3,1416 par excès, soit 3,14159 par défaut.

Cette étude a pour but de faire connaître une nouvelle série pouvant servir à définir analytiquement le nombre π.

Nous donnons deux méthodes qui conduisent à cette série, la première est celle qui nous a permis de la découvrir, elle est elle-même un cas particulier d'une théorie plus générale ; la seconde, synthétique, permet de démontrer d'une manière plus élémentaire le résultat supposé connu.

Cette série π a sur la série de Lehmann, l'avantage de ne pas contenir en facteur un nombre incommensurable qu'il faut tout d'abord calculer avec approximation, indépendamment de chaque terme de la série.

Elle a sur le développement de *arc tang z*, pour $z = 1$, et sur d'autres séries analogues, l'avantage d'être de beaucoup plus rapidement convergente.

Elle ne possède pas, comme la formule de Machin, utilisée par Shanks, le caractère d'être une différence de deux séries provenant d'une différence de deux *arc tang*.

Le tableau que nous avons placé à la fin de cette étude a seulement pour but de faciliter la comparaison des résultats donnés par quelques séries, les plus connues, avec la série en question. Il permet de se rendre compte que, sous le rapport de l'approximation, la série proposée est préférable à la plupart des séries uniques les plus connues. Ces séries ont été extraites de divers traités notamment de celui de M. Eug. Catalan.

Bien que la série qui fait l'objet de cette étude soit très rapidement approchée, car six termes suffisent pour avoir π, avec l'approximation usuelle 3,14159, nous lui accorderons plutôt un intérêt théorique en lui faisant définir, analytiquement, le nombre π, tout comme il existe une série servant à définir le nombre e.

Les faits sont aux sciences ce que les pierres sont à l'édifice. Pour nous servir d'une comparaison d'un Maître, nous dirons qu'une accumulation de faits ne constitue pas plus une science qu'un tas de pierres ne constitue une maison. C'est pourquoi nous avons cru utile de grouper ces faits : sommation d'une série trigonométrique, série π ; identités numériques ; tableau comparatif des séries π les plus connues, dans l'ordre ci-après.

En terminant ce court exposé de l'esprit de cette étude, qu'il nous soit permis de demander au lecteur, l'indulgence pour les incorrections qui auraient pu se glisser dans une rédaction hâtive. Nous n'avons eu d'autre désir que de signaler des faits qui nous paraissent présenter quelque intérêt.

Paris, 26 mars 1901.

Quelques mots d'historique sur le calcul de π (1)

Sans entrer dans les détails des calculs faits par de nombreux mathématiciens (2) sur la valeur du nombre π (rapport de la longueur de la circonférence à son diamètre) je citerai tout d'abord, les résultats obtenus et quelques-unes des formules qui ont servi à les obtenir. Les méthodes qui ont été employées sont les unes géométriques, les autres procèdent par des développements en séries.

C'est à l'aide de ces dernières qu'on a obtenu π avec la plus grande approximation. Ces séries ont un caractère commun, celui de se déduire du développement de arc tang z.

$$\text{arc tang } z = z - \frac{z^3}{3} + \frac{z^5}{5} - \frac{z^7}{7} + \dots$$

développement qui est convergent pour des valeurs de z plus petites que 1 ou au plus égales à l'unité.

Le procédé qui consiste à prendre la formule précédente pour $z = 1$ c'est-à-dire à définir π par le développement :

$$\pi = 4 \left(1 - \frac{1}{3} + \frac{1}{5} - \frac{1}{7} + \dots \right) \text{ conduit à une approxima-}$$

tion peu rapide et il ne faut pas moins de 20 termes du développement pour obtenir π avec la première décimale exacte. Poncelet a indiqué dans son mémoire (*Journal de Crelle*, tome XIII), qu'il serait nécessaire de prendre environ 50.000 termes pour avoir les

---

(1) Pour des détails plus complets, voir *Nouvelles annales de mathématiques*, année 1850, page 12 ; année 1851, page 198 ; année 1854, p. 118, année 1855, page 209.

(2)

Archimède	2	décimales exactes
Les astronomes indiens	3	—
J. Rhéticus	8	—
Pierre Métius	8	—
Viète	11	—
Adrien Romanus	16	—
Ludolf van Ceulen	35	—
A Scharp	73	—
Machin	100	—
Lagny	127	—
Véga	140	—
Manuscrit de la Bibliothèque Radcliffe à Oxford	156	—
Dahse	200	—
Clausen	256	—
Richter	333	—
Rutherford	440	—
Shanks	530	—
Depuis Shanks a obtenu	707	—

(*Cosmos*, t. VII, page 335, 23 mars 1855).

cinq premières décimales exactes. Aussi a-t-on été conduit à considérer des développements plus convergents, Lehmann a adopté, pour définir π la formule :

$$\pi = 6 \text{ arc tang } \frac{1}{\sqrt{3}} \text{ qui conduit à la série :}$$

$$\pi = \sqrt{12}\left(1 - \frac{1}{3.3^1} + \frac{1}{5.3^2} - \frac{1}{7.3^3} + \cdots\cdots\right)$$

Il a trouvé que pour avoir π par cette série avec 100 décimales exactes il faut 207 termes, chacun avec 103 décimales.

M. Dahse, de Hambourg, illustre calculateur de tête, a employé son talent à calculer le nombre π. Il a choisi la formule.

$$\pi = 4\left(\text{arc tang } \frac{1}{2} + \text{arc tang } \frac{1}{8} + \text{arc tang } \frac{1}{5}\right)$$

Il a trouvé de tête les 200 premières décimales.

M. W. Shanks dans un mémoire daté du 14 avril 1873 a calculé la valeur de π avec 707 chiffres décimaux. Cette valeur se trouve dans le tome XXVI du *Zeitschrift* d'Hoffmann, 1895 p. 263 et a été reproduite dans *l'Intermédiaire des Mathématiciens*, tome 11, page 389.

C'est la plus grande approximation obtenue jusqu'ici pour le nombre π.

M. Shanks s'est servi pour cela de la formule de Machin :

$$\frac{\pi}{4} = 4 \text{ arc tang } \frac{1}{5} - \text{arc tang } \frac{1}{239} \text{ (1) qui conduit aux}$$

séries
$$\frac{\pi}{4} = 4\varphi - \left(\frac{1}{239} - \frac{1}{3.239^3} + \frac{1}{5.239^5} \cdots\right),$$

φ étant défini par la série :

$$\varphi = \frac{1}{5} - \frac{1}{3.5^3} + \frac{1}{5.5^5} - \frac{1}{7.5^7} + \cdots\cdots,$$

Chacune de ces séries avait été déterminée avec 709 décimales. Citons encore les formules dont Dahse et Lehmann se sont servis.

$$\pi = 8\left(\text{arc tang } \frac{1}{3} + \text{arc tang } \frac{1}{7}\right)$$

$$\pi = 4\left(\text{arc tang } \frac{1}{2} + \text{arc tang } \frac{1}{3}\right)$$

---

(1) Voir *Analyse de M. Jordan*, tome I, édition 1893, page 256.

et remarquons que toutes les formules ci-dessus se déduisent directement du développement de arc tang x, et définissent π par une somme algébrique de deux ou trois séries.

Il existe d'autres séries pouvant servir à définir analytiquement le nombre π, parmi lesquelles je citerai :

$$\pi = 4\left(\frac{1}{2} + \frac{1}{1.3} - \frac{1}{3.5} + \frac{1}{5.7} - \frac{1}{7.9} + \ldots\ldots\right),$$

$$\pi = 8\left(\frac{1}{1.3} + \frac{1}{1.3.5} - \frac{1}{3.5.7} + \frac{1}{5.7.9}\ldots\ldots\right),$$

$$\pi = \sqrt{8}\left(1 + \frac{1}{3} - \frac{1}{5} - \frac{1}{7} + \frac{1}{9} + \frac{1}{11}\ldots\ldots\ldots\right),$$

$$\pi = \frac{12}{5}\left(1 + \frac{1}{3} + \frac{1}{5} - \frac{1}{7} - \frac{1}{9} - \frac{1}{11} + \frac{1}{13} + \ldots\right),$$

$$\pi = \sqrt{12}\left(1 - \frac{1}{5} + \frac{1}{7} - \frac{1}{11} + \frac{1}{13} - \frac{1}{17} + \frac{1}{19}\ldots\right), \text{ etc.}$$

Mais elles sont moins rapidement convergentes que la série dont il va être question, comme ou peut s'en convaincre par le tableau comparatif qui suit cette étude.

Ajoutons à ces quelques mots d'historique que les efforts de quelques géomètres ont porté, ces temps derniers, sur la question importante de la transcendance de π, question qui est liée à l'un des problèmes les plus fameux dans l'histoire des mathématiques, celui de la quadrature du cercle.

Cette transcendance a été démontrée par Lindemann (*Math. Annalen*, 1882) à l'aide des méthodes créées par Hermite pour établir la transcendance de e. MM. Gordan, Hilbert et M. V. Jamet ont apporté d'importantes simplifications aux considérations de Lindemann, simplifications qui ont permis de déduire une démonstration élémentaire de la transcendance de π. (*Enseignement mathématique*, année 1900, p. 362).

PREMIERE MÉTHODE

Théorie.

Considérons la série S définie par :

$$S = -\frac{1}{8} + \Sigma(-1)^{n+1}\frac{\cos n z}{4 + n^5}, \qquad n = 1, 2, 3, \ldots$$

$$- 6 -$$

Pour trouver la valeur S de cette suite on peut employer une méthode connue (1) et pour cela considérer la fonction Z de z.

$$(1) \qquad Z(z) = - \frac{z}{8} + \Sigma \, (-1)^{n+1} \frac{\sin nz}{n \, (4 + n^4)}$$

dont S sera la dérivée. Or on a

$$(2) \qquad \frac{d^4 Z}{dz^4} = \Sigma \, (-1)^{n+1} \frac{n^4 \sin nz}{n \, (4 + n^4)} \qquad \text{d'où l'on déduit :}$$

$$(3) \qquad \frac{d^4 Z}{dz^4} + 4 \, Z = - \frac{z}{2} + \Sigma \, (-1)^{n+1} \frac{\sin n \, z}{n}.$$

Entre $- \pi$ et π on sait que $\frac{z}{2}$ est representé par le développement

$\Sigma \, (-1)^{n+1} \frac{\sin nz}{n}$, il n'en est pas de même aux limites : la valeur

que prend la série pour $z = \pi$ est $\frac{1}{2} \left[f(\pi) + f(-\pi) \right]$ c'est-à-dire

zéro dans le cas actuel.

Entre les limites $- \pi$ et π le second membre de l'équation (3) est nul.

La fonction Z est donc une intégrale de l'équation différentielle du 4e ordre, à coefficients constants, sans second membre.

$$\frac{d^4 Z}{dz^4} + 4 \, Z = 0.$$

Les racines de l'équation caractéristique sont $r = \pm \, i \pm 1$ en posant $i^2 = - 1$.

L'intégrale peut, par suite, s'écrire :

$$Z = \cos z \, (A \, \text{Ch} \, z + B \, \text{Sh} \, z) + \sin z \, (C \, \text{Ch} \, z + D \, \text{Sh} \, z).$$

où Sh, Ch désignent des sinus et cosinus hyperboliques et A, B, C, D. quatre constantes arbitraires que nous allons déterminer.

Remarquons pour cela que, par sa définition, Z est nul ainsi que sa dérivée seconde pour $z = 0$, ce qui donne en explicitant :

$$A = 0 \quad , \quad D = 0.$$

On a donc :

$$Z = B \cos z \, \text{Sh} z + C \sin z \, \text{Ch} \, z.$$

et par suite

$$(4) \qquad - \frac{1}{8} + \Sigma \, (-1)^{n+1} \frac{\cos nz}{4 + n^4} = \frac{d}{dz} (B \cos z \, \text{Sh} z + C \sin z \, \text{Ch} z).$$

---

(1) Voir *Exercices de calcul infinitésimal*, Frenet, édition 1882 page 429 n⁰ˢ 655, 656.

$$- 7 -$$

On sait que si $\varphi(x)$ est une fonction développée sous la forme

$$\frac{A_0}{2} + A_1 \cos x + A_2 \cos 2x + \ldots + A_n \cos nx + \ldots$$

on a généralement :

$$A_n = \frac{2}{\pi} \int_0^\pi \varphi(x) \cos nx \; dx$$

Appliquons cette formule à la détermination du premier coefficient de la série qui figure dans le premier membre de (4).

Nous aurons :

$$-\frac{1}{4} = \frac{2}{\pi} \int_0^\pi \frac{d}{dz} (B \cos z \, \mathrm{Sh}z + C \sin z \, \mathrm{Ch}z) \, dz.$$

d'où

$$B = \frac{\pi}{8\mathrm{Sh}\pi} \cdot$$

Nous avons donc d'après (4) la relation

$$(5) \quad \frac{z}{8} + \frac{\pi}{8\mathrm{Sh}\pi} \cos z \, \mathrm{Sh}z + C \sin z \, \mathrm{Ch}z = \Sigma \, (-1)^{n+1} \frac{\sin nz}{n(1+n^4)}.$$

Remarquons que entre les limites $-\pi$ et $+\pi$

$$\frac{d^4 Z}{dz_4} = -4Z,$$

par suite,

$$-4 \left(\frac{\pi}{8\mathrm{Sh}\pi} \cos z \, \mathrm{Sh}z + C \sin z \, \mathrm{Ch}z \right) = \Sigma \, (-1)^{n+1} \frac{n^3 \sin nz}{4 + n^4}.$$

Si l'on fait dans les deux membres $z = \frac{\pi}{2}$ on obtient :

$$-4C.\mathrm{Ch}\frac{\pi}{2} = \Sigma \, (-1)^{\frac{n-1}{2}} \frac{n^3}{4 + n^4},$$

n prenant maintenant les valeurs impaires 1, 3, 5.....

Or on peut voir que la série qui figure dans le second membre a pour limite zéro.

En effet, considérons la série.

$$\Sigma \, (-1)^{\frac{n-1}{2}} \frac{4n^3}{4 + n^4} \cdot$$

En décomposant

$$\frac{4n^3}{4 + n^4} \text{ en éléments simples, on a}$$

$$(-1)^{\frac{n-1}{2}} \frac{4n^3}{4 + n^4} = (-1)^{\frac{n-1}{2}} \left[\frac{1}{n+1+i} + \frac{1}{n+1-i} + \frac{1}{n-1+i} + \frac{1}{n-1-i} \right]$$

BIBLIOTHÈQUE NATIONALE — R. F. — IMPRIMÉS

D'où en faisant $n = 1$, $n = 3$, $n = 5, \ldots$

$$\frac{4.1^3}{4 + 1^4} = \frac{1}{2 + i} + \frac{1}{2 - i} + \frac{1}{i} - \frac{1}{i}$$

$$- \frac{4.3^3}{4 + 3^4} = - \frac{1}{4 + i} - \frac{1}{4 - i} - \frac{1}{2 + i} - \frac{1}{2 - i}$$

$$\frac{4.5^3}{4 + 5^4} = \frac{1}{6 + i} + \frac{1}{6 - i} + \frac{1}{4 + i} + \frac{1}{4 - i}$$

$$\cdots \cdots \cdots \cdots \cdots \cdots \cdots \cdots \cdots \cdots \cdots$$

En ajoutant membre à membre après simplification, on a :

$$4 \Sigma (-1)^{\frac{n-1}{2}} \frac{n^3}{4 + n^4} = (-1)^{\frac{n-1}{2}} \left[\frac{1}{n + 1 + i} + \frac{1}{n + 1 - i} \right],$$

ou

$$(-1)^{\frac{n-1}{2}} \frac{2(n + 1)}{(n + 1)^2 + 1}.$$

Or, lorsque n augmente indéfiniment, on a bien

$$\lim \Sigma (-1)^{\frac{n-1}{2}} \frac{n^3}{4 + n^4} = 0.$$

Par suite, la constante C est nulle et nous avons d'après la relation (5).

$$(\alpha) \qquad \frac{\pi}{8} \left(\frac{z}{\pi} + \cos z \, \frac{Shz}{Sh\pi} \right) = \Sigma (-1)^{n+1} \frac{\sin nz}{n(4 + n^4)}.$$

Formule importante qui donne la sommation de la série trigonométrique qui figure dans le second membre.

Faisons dans les deux membres de cette relation $z = \dfrac{\pi}{2}$

nous avons :

$$\frac{\pi}{16} = \Sigma (-1)^{n+1} \frac{\sin \dfrac{n\pi}{2}}{n(4 + n^4)}$$

d'où la série que nous avons signalée.

$$\pi = 16 \left(\frac{1}{1(4 + 1^4)} - \frac{1}{3(4 + 3^4)} + \frac{1}{5(4 + 5^4)} + \cdots \right.$$

$$\left. + (-1)^{\frac{n-1}{2}} \frac{1}{n(4 + n^4)} + \cdots \right).$$

Cette série est rapidement convergente et chaque terme jusqu'au cinquième donne une décimale exacte, comme il est facile de s'en convaincre par le calcul numérique suivant, où j'ai pris seulement six termes chacun avec 10 décimales.

Ce calcul est donné comme simple application de la série π.

Valeur approchée

1er terme $+\dfrac{16}{5}$	ou	3,20000 00000	3,2
2e terme $-\dfrac{16}{255}$		— 0,06274 50980	3,13725 49019
3e terme $+\dfrac{16}{3145}$		0,00508 74403	3,14234 23423
4e terme $-\dfrac{16}{16835}$		— 0,00095 04009	3,14139 19413
5e terme $+\dfrac{16}{59085}$		0,00027 07963	3,14166 27377
6e terme $-\dfrac{16}{161095}$		— 0,00009 93822	3,14156 33553

Remarque. — La formule (α) que nous avons trouvée peut être généralisée. Si l'on multiplie les deux membres de l'équation :

$$Z(z) = \Sigma \, (-1)^{n+1} \frac{\sin nz}{n(4K'^4 + n^4)} \qquad \text{(K' étant un entier impair)}$$

par $4K'^4$ et qu'on ajoute à $\dfrac{d^4 Z}{dz^4}$, on voit que Z est l'intégrale de l'équation.

$$\frac{d^4 Z}{dz^4} + 4K'^4 Z = \frac{z}{2}\,.$$

intégrale qui, en tenant compte des conditions qui déterminent les constantes comme il a été fait précédemment, peut s'écrire :

$$Z = \frac{\pi}{8K'^4}\left(\frac{z}{\pi} + \cos K'z \frac{\mathrm{Sh}K'z}{\mathrm{Sh}K'\pi}\right).$$

On a donc la relation

$$\frac{\pi}{8K'^4}\left(\frac{z}{\pi} + \cos K'z \frac{\mathrm{Sh}K'z}{\mathrm{Sh}K'\pi}\right) = \Sigma (-1)^{n+1} \frac{\sin nz}{n(4K'^4 + n^4)}$$

qui pour $z = \dfrac{\pi}{2}$ donne la série

$$\pi = 16\,K'^4 \left(\frac{1}{1(4K'^4 + 1^4)} - \frac{1}{3(4K'^4 + 3^4)} + \frac{1}{5(4K'^4 + 5^4)} + \cdots\right)$$

en faisant dans cette série $K' = 1$, nous retrouvons la série que nous avons déjà considérée.

La série précédente, où K' aurait des valeurs différentes de 1 est moins rapidement convergente que celle que l'on obtient en faisant $K' = 1$.

La limite de l'erreur en s'arrêtant au terme de rang n est moindre que $\dfrac{16}{n\left(4 + \dfrac{n^4}{K'}\right)}$ qui est en effet plus grand que $\dfrac{16}{n(4 + n^4)}$ où l'on suppose $K' = 1$.

Par exemple, pour $K' = 7$. En se bornant au premier terme, on aurait pour π : 3,999, et si l'on prend le premier et le second termes, on a, par défaut, pour valeur de π : 2,667, tandis que, avec les deux premiers termes, dans la série adoptée nous avons compris π entre 3,20 et 3,13.

DEUXIÈME MÉTHODE

Démonstration élémentaire de la série π.

$$(1) \qquad \pi = 16 \sum (-1)^{\frac{n-1}{2}} \frac{1}{n(4 + n^4)} \qquad n = 1, 3, 5\ldots$$

On a identiquement :

$$\frac{4}{n(4 + n^4)} = \frac{1}{n} - \frac{n^3}{4 + n^4},$$

par suite,

$$16 \sum (-1)^{\frac{n-1}{2}} \frac{1}{n(4 + n^4)} = 4 \sum (-1)^{\frac{n-1}{2}} \frac{1}{n}$$

$$- 4 \sum (-1)^{\frac{n-1}{2}} \frac{n^3}{4 + n^4}.$$

Or nous avons vu que

$$\sum (-1)^{\frac{n-1}{2}} \frac{n^3}{4 + n^4} = 0 ;$$

D'autre part que

$$4 \sum (-1)^{\frac{n-1}{2}} \frac{1}{n} = \pi ;$$

il suffit de se reporter au développement de arc tang z.

D'où la formule (1).

On démontrerait de même d'une manière élémentaire que :

$$\lim \sum (-1)^{\frac{n-1}{2}} \frac{4n^3}{4K'^4 + n^4} = 0,$$

et, par suite, que

$$\pi = 16 K'^4 \sum (-1)^{\frac{n-1}{2}} \frac{1}{n(4K'^4 + n^4)}.$$

Les identités numériques telles que

$$\sum (-1)^{\frac{n-1}{2}} \frac{n^3}{4 + n^4} = 0, \ \sum \frac{4}{n^2 - 4} = 0 \ \text{pour } n = 0, 1, 3, 5, \ldots$$

$$\text{ou } \sum \frac{1}{n(n+1)} = 1, \ \sum \frac{1}{n(n+2)} = \frac{3}{4}, \ \sum (-1)^{n+1} \frac{1}{n(n+2)} = \frac{1}{4}$$

$$\sum \frac{1}{(2n-1)(2n+1)} = \frac{1}{2} \ \text{etc.}\ldots$$

qu'on établirait d'une manière analogue, peuvent être utiles dans plusieurs questions. Le rôle particulier qu'a joué ici la première de ces identités est de rendre une série donnée plus rapidement convergente.

Grâce, en effet, à cette identité, nous avons remplacé la série $\Sigma \, (-1)^{\frac{n-1}{2}} \dfrac{1}{n}$ par 16 la série $\Sigma \, (-1)^{\frac{n-1}{2}} \dfrac{1}{n\,(4+n^4)}$.

Cette méthode comporte une généralisation et il n'est pas douteux qu'on puisse trouver ainsi d'autres séries pouvant servir à définir le nombre π

Considérons par exemple :

$$\Sigma \, (-1)^{\frac{n-1}{2}} \frac{2n}{n^2 - 4}$$

on a :

$$\frac{2n}{n^2 - 4} = \frac{1}{n+2} + \frac{1}{n-2}.$$

Si on donne à n successivement les valeurs 1, 3, 5..., on a :

$$\frac{2}{1^2 - 4} = \frac{1}{3} - \frac{1}{1}$$

$$\frac{2.3}{3^2 - 4} = \frac{1}{5} + \frac{1}{1}$$

$$\frac{2.5}{5^2 - 4} = \frac{1}{7} + \frac{1}{3}$$

$$\frac{2.7}{7^2 - 4} = \frac{1}{9} + \frac{1}{5}$$

Par suite, en ajoutant membre à membre, après avoir changé les signes de 2 en 2 :

$$\Sigma \, (-1)^{\frac{n-1}{2}} \frac{2n}{n^2 - 4} = -2 + 2\left(\frac{1}{3} - \frac{1}{5} + \frac{1}{7} - \frac{1}{9} + \ldots\right) \text{ ou :}$$

$$\Sigma \, (-1)^{\frac{n-1}{2}} \frac{4n}{n^2 - 4} = -4\left(1 - \frac{1}{3} + \frac{1}{5} - \frac{1}{7} + \frac{1}{9} + \ldots\right)$$

on a donc.

$$\pi = -\Sigma \, (-1)^{\frac{n-1}{2}} \frac{4n}{n^2 - 4};$$

Ou, en explicitant :

$$\pi = \frac{4}{3} + \frac{12}{5} - \frac{20}{21} + \frac{28}{45} - \ldots - (-1)^{\frac{n-1}{2}} \frac{4n}{n^2 - 4} + \ldots$$

Cette série est moins rapidement convergente que celle que nous avons étudiée.

Valeurs approchées, de π données par diverses séries, en prenant dans chacune d'elles les 5 ou 6 premiers termes, calculés chacun avec 6 décimales.

SÉRIES	Valeurs approchées	Différence avec la valeur usuelle 3,14159
$\pi = 4\left(1 - \frac{1}{3} + \frac{1}{5} - \frac{1}{7} + \frac{1}{9} - \cdots\right)$	3,33968	+ 0.19809
$\pi = \frac{12}{5}\left(1 + \frac{1}{3} + \frac{1}{5} - \frac{1}{7} - \frac{1}{9} - \frac{1}{11} + \frac{1}{13} + \cdots\right)$	2,85229	− 0,28930
$\pi = \sqrt{8}\left(1 + \frac{1}{3} - \frac{1}{5} - \frac{1}{7} + \frac{1}{9} + \frac{1}{11} - \cdots\right)$	3,37285	+ 0,23126
$\pi = \sqrt{12}\left(1 - \frac{1}{5} + \frac{1}{7} - \frac{1}{11} + \frac{1}{13} - \frac{1}{17} + \frac{1}{19} - \cdots\right)$	3,01393	− 0,02766
$\pi = 4\left(\frac{1}{2} + \frac{1}{1.3} - \frac{1}{3.5} + \frac{1}{5.7} - \frac{1}{7.9} - \cdots\right)$	3,15786	+ 0,01627
$\pi = 8\left(\frac{1}{1.3} + \frac{1}{1.3.5} - \frac{1}{3.5.7} + \frac{1}{5.7.9} - \frac{1}{7.9.11} + \cdots\right)$	3,13765	− 0,00394
$\pi = \sqrt{12}\left(1 - \frac{1}{3.3^1} + \frac{1}{5.3^2} - \frac{1}{7.3^3} + \frac{1}{9.3^4} - \cdots\right)$	3,14260	+ 0,00101
$\pi = 2\left(1 + \frac{1}{2.3} + \frac{1.3}{2.4.5} + \frac{1.3.5}{2.4.6.7} + \cdots\right)$	2,57321	− 0,56838
$\pi = 3\left(1 + \frac{1}{8.3} + \frac{1.3}{8.16.5} + \frac{1.3.5}{8.16.24.7} + \frac{1.3.5.7}{8.16.24.32.9} + \cdots\right)$	3,14115	− 0,00044
$\pi = 48\left(\sqrt{2} - 1\right)\left(\frac{1}{1.7} + \frac{1}{9.15} + \frac{1}{17.23} + \frac{1}{25.31} + \cdots\right)$	3,05356	− 0,08703
$\pi = 16\left(\sqrt{2} + 1\right)\left(\frac{1}{3.5} + \frac{1}{11.13} + \frac{1}{19.21} + \frac{1}{27.29} + \cdots\right)$	2,99140	− 0,15019
$\pi = \sqrt{8}\left(1 + \frac{1}{4.3} + \frac{1.3}{4.8.5} + \frac{1.3.5}{4.8.12.7} + \cdots\right)$	3,13291	+ 0,00868
$\pi = 18\left(\frac{1}{1.5} - \frac{3}{7.11} + \frac{5}{13.17} - \frac{7}{19.23} + \cdots\right)$	3,01759	− 0,12400
$\pi = 2\left(1 + \frac{1}{3} + \frac{1.2}{3.5} + \frac{1.2.3}{3.5.7} + \frac{1.2.3.4}{3.5.7.9} + \cdots\right)$	3,04761	− 0,09398
$\pi = 16 \sum (-1)^{\frac{n-1}{2}} \frac{1}{n(4 + n^4)} \qquad n = 1.3.5\ldots\ldots$	3,14156	− 0,00003

S'il s'agissait de représenter π par une série unique, il y aurait avantage à adopter la série que nous avons trouvée, elle a une approximation de beaucoup plus rapide que celle des séries contenues dans le tableau précédent.

LAVAL. — Imprimerie parisienne, L. BARNÉOUD & Cⁱᵉ.

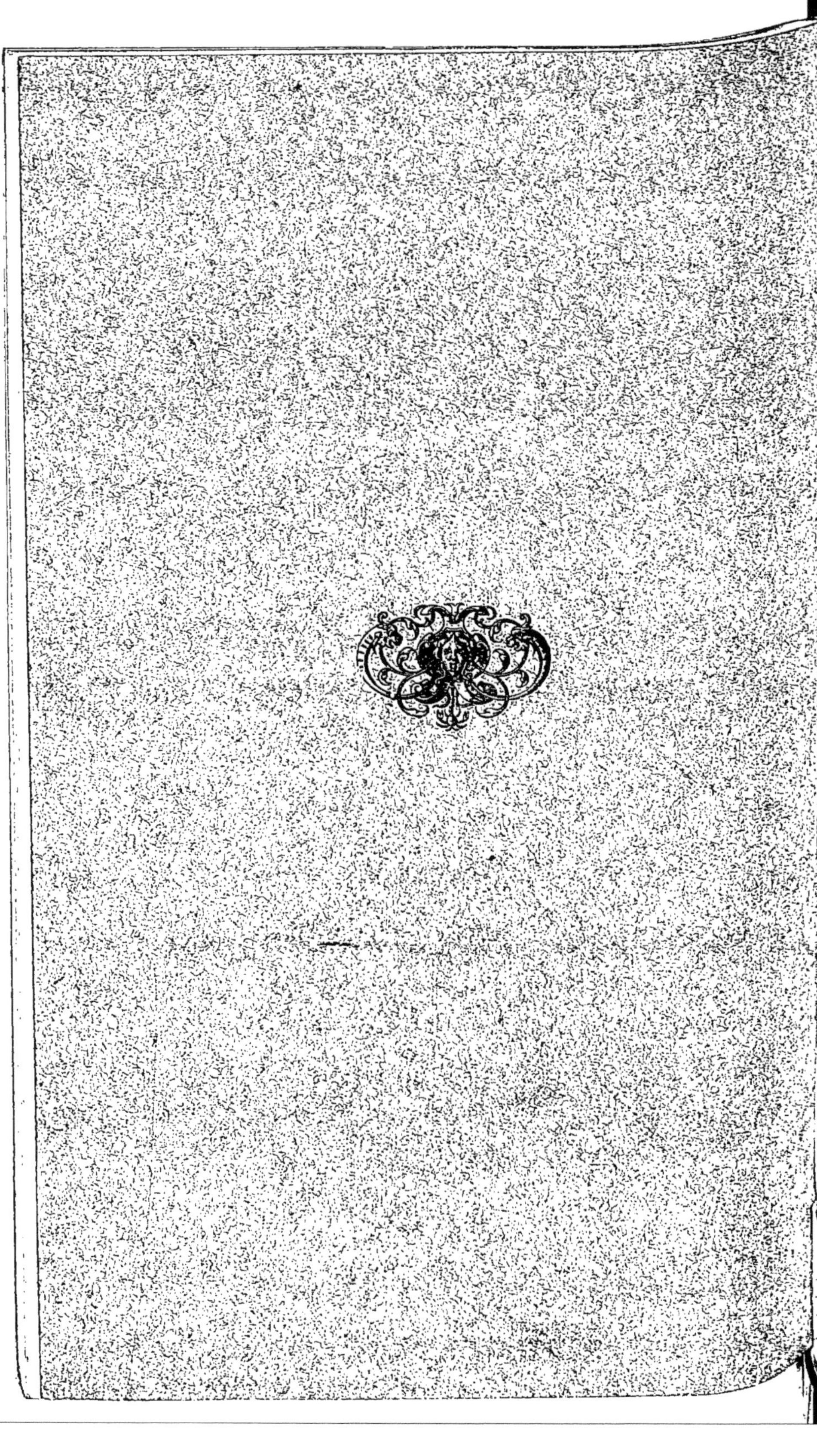

www.ingramcontent.com/pod-product-compliance
Ingram Content Group UK Ltd.
Pitfield, Milton Keynes, MK11 3LW, UK
UKHW022254070726
13613UKWH00005B/2278